动植物百科全书

鸟 类

[英] 约翰 · 艾伦/著
高歌　沉着/译

甘肃科学技术出版社

帝企鹅世代生活在气候恶劣的南极地区。在漫长的约 65 天的时间里，雄性帝企鹅独自照看雌性产下的卵和破壳而出的小企鹅。

目 录
Contents

什么是鸟? 04

鸟类的栖息地 06

展翅飞翔 08

当妈妈遇到爸爸 10

筑巢产卵 12

鸟类的生命周期 14

犀鸟 16

双领鸻 18

帝企鹅 20

北极燕鸥 22

园丁鸟 24

长尾缝叶莺 26

角海鹦 28

奇妙的大自然 30

什么是鸟？

鸟类拥有一种其他动物没有的特征——羽毛！有的羽毛可以帮助鸟类飞翔，有的羽毛可以帮它们保温。

水鸟身上的羽毛可以防水，比如鸭子。

飞鸟身上披着坚硬的羽毛，帮助它们自由飞翔。那些细软的绒羽则专门用来保温。

数千万年前，地球上生活着各种各样的恐龙。有研究表明，恐龙可能是鸟类的祖先。

鸟类可以像爬行动物一样产卵，同时它们又像哺乳动物一样，属于内温动物。

鸟类的足上覆盖着细小的鳞片，它们有和爬行动物相似的爪。

有些鸟的体形极小，就像这只蜂鸟；有些鸟则体形庞大，就像下面那只鸵鸟。

鸵鸟是世界上体形最庞大的鸟类。一只成年雄性鸵鸟的高度可达2.5米！

趣味小知识

庞大的鸵鸟无法飞行，因为它们太重了，但它们奔跑起来速度快极了，最高可达70千米/时。

在花棚里筑巢的燕子们。

鸟类的栖息地

栖息地是指适宜动物生存和繁衍的地方。有些鸟儿栖息在气候炎热的地方，例如热带雨林；有些鸟儿栖息在气候寒冷的地区，例如南极大陆；还有很多鸟儿生活在人类周围，它们把巢筑在城市中或农场附近。

金刚鹦鹉生活在气候湿润的热带雨林中。

水鸟经常选择河岸、湖畔或海边作为栖息地。海鸥和其他海鸟喜欢把巢筑在悬崖上。水鸟聚集起来，组成庞大的群落。

这是一处大西洋海雀群落。

帝企鹅栖息在南极大陆——那里是地球上最寒冷的地方。

帝企鹅是企鹅家族中体形最大的品种。

一对漂泊信天翁。

展翅飞翔

鸟的身体由坚固的空心骨骼构成，异常轻巧。强壮的肌肉使它们可以轻松扇动翅膀。展翅飞翔是一份辛苦的工作，因此鸟类需要不断进食。

漂泊信天翁的翼展平均长达 3.1 米。

漂泊信天翁拥有整个鸟类王国中最长的翼展。生命中的大部分时间，它们都在大海上空翱翔，只有需要交配、产卵和养育后代时才降落。

趣味小知识

长着短翅膀的知更鸟擅长敏捷地飞来飞去，捕食昆虫。

这只幼小的信天翁正在练习拍打翅膀。

很多幼鸟天生就会飞，它们摇摇晃晃地爬出鸟巢，张开翅膀，飞向天空。而有些幼鸟则要反复练习。

在空中捕食昆虫的雨燕。

在高空盘旋的秃鹫正在寻觅食物，比如地面上的老鼠。

通过翅膀的形状，我们可以了解鸟类的飞行习惯。雨燕的翅膀又长又尖，适合高速飞行。

秃鹫宽大的羽翼非常适合爬升和滑翔。

当妈妈遇到爸爸

大部分鸟类在每年的春季进行繁殖。有些鸟与同一个配偶共度一生，有些鸟则会每年更换新的伴侣。一些雌鸟会在一年中与多只雄性进行交配并产卵。

雌天鹅和雄天鹅成为彼此一生唯一的伴侣。

在所有鸟类中，孔雀的尾羽是最长的。

一些雄鸟依靠色彩鲜艳的羽毛吸引雌性。雄孔雀会骄傲地向雌孔雀张开自己的扇形尾羽。

许多雄鸟通过歌声吸引雌性进入自己的领地。为了守护领地和配偶，它们会赶走其他雄鸟。

雄性鲣鸟将喙指向空中，张开翅膀尽情舞蹈。

一些鸟在和伴侣交配前会跳求偶舞。这只雄性蓝脚鲣鸟正在雌鸟面前起舞。它一边鸣叫，一边展示自己的蓝色脚掌。

趣味小知识

为了吸引配偶的目光，雄军舰鸟会把鲜红色的喉咙鼓得像一只大气球。

筑巢产卵

这只雌乌鸫正在准备筑巢的材料。

许多雌鸟可以自己筑巢，另一些则需要配偶的帮助。有些鸟会在交配前筑巢，有些则在交配后。雌鸟将卵产在筑好的巢里。

雌鸟卧在卵上为它们保温，这一过程称为孵化。一些雄鸟也会参与孵化，它们为雌鸟带回食物。

一只雌鹳在巢中产下4枚卵。

白鹳的巢是用树枝做的。每年，鹳鸟都会收集新树枝加固旧巢，于是它们的巢变得越来越大。

这只白头海雕正在照看幼鸟。

许多刚孵化出来的幼鸟非常虚弱，只能等着爸爸妈妈喂食。

这只大斑啄木鸟把巢安在树洞里。

一些鸟选择用杂草、枝条或树叶筑巢。这只火烈鸟用泥巴筑了一个顶部凹陷的巢。它将在这里产 1~2 枚卵。

鸟类的生命周期

一只幼年知更鸟每天能吃掉多达 *140* 只昆虫、蜘蛛和蠕虫。

1 雄鸟和雌鸟相遇并进行交配。

6 幼鸟长大后离开鸟巢独立生存。有些父母会教授幼鸟飞行的本领。这是一张幼年知更鸟的图片。

鸟类的生命周期

5 父母为幼鸟带回食物。一些父母还会为幼鸟清理巢中的粪便。

生命周期是指动物或植物在其整个生命过程中经历的不同阶段和各种变化。这个示意图展示了鸟类的生命周期。

2 雌鸟在巢中产卵。

3 雌鸟用身体为卵保温，雄鸟为孵卵的雌鸟带回食物。

大部分鸟类的生命周期都会经历这些阶段。

4 卵开始孵化。许多刚刚出壳的幼鸟既没有羽毛也睁不开眼睛。

犀鸟

这是一只在地面觅食的红脸地犀鸟。

犀鸟生活在非洲和亚洲的丛林中。犀鸟的喙非常大，可以采食水果，捕捉昆虫、蜥蜴和蛇类。

这是一只生活在丛林中的印度大犀鸟。

一只雌犀鸟从树洞中向外张望，它正在封堵巢的入口。

大部分犀鸟在树林中觅食，也有些犀鸟从地面上寻找食物。

犀鸟在树洞中筑巢。雌鸟产卵后将自己封在洞中。它用食物残渣、泥巴和粪便混合起来，筑成一面墙，封住洞巢的入口。

趣味小知识

雌犀鸟一次可以产 1~4 枚卵。幼鸟孵化时间约为 30~40 天。

在幼鸟孵化出壳后的 6~8 周时间里，雌鸟出洞，和雄鸟一起哺育幼鸟，直到它们学会飞行。

雄犀鸟通过墙上的裂缝给雌鸟喂食。

双领鸻

双领鸻主要分布于美洲地区，生活环境多与湿地有关。它们以蠕虫、甲虫、蚂蚱和蜗牛为食。双领鸻的巢筑在地面上，被各种危险所环绕——因此幼鸟一出生就能快速奔跑。

双领鸻的胸部有两条明显的黑色带。

双领鸻的卵有天然伪装色，这可以防止它们被捕食者吃掉。

刚出壳的双领鸻长着羽毛。

在没有地方可以躲藏的空地，幼鸟们只能安静地蹲在草丛中。

为了保护自己的卵或幼崽不被狐狸等捕食者踩碎或伤害，双领鸻还会使用计谋。它们将翅膀拖在地上，看起来像是受伤的样子，把捕食者从巢旁引开。

狐狸紧紧跟随双领鸻，以为一顿美餐就在眼前。看到狐狸离开了自己的巢，双领鸻便立刻飞走。幼鸟们一动不动，安静地等待妈妈的归来。

趣味小知识

雌双领鸻通常每次产 4 枚卵，大约 25 天后，幼鸟便会破壳而出。

帝企鹅

企鹅伴侣常年生活在一起。

帝企鹅不会飞。它们的翅膀就像鱼鳍一样，是用来在海中游泳的。帝企鹅从不筑巢。交配后，雌企鹅产下卵，雄企鹅把卵放在双腿和腹部下方的育儿袋里为它保暖。

雌企鹅下海捕鱼。有些时候，帝企鹅们要走超过约100千米的路程才能到达海边。

整个冬天，雄企鹅独自照看自己的卵。春天到了，小企鹅破壳而出，这时，妈妈也带着食物从海边回来了。

刚出生的小企鹅舒服地待在爸爸温暖的脚掌上。

小企鹅孵化出壳后，雄企鹅和雌企鹅轮流照顾孩子和下海捕鱼。

在羽毛丰满之前，小企鹅还不能下水。四五个月后，当小企鹅的羽毛长了出来，它们就可以自己下海寻找食物了。

企鹅父母从喉咙中吐出没消化完的小鱼喂给小企鹅。

趣味小知识

雌性帝企鹅每次产一枚卵。大约 65 天后，小企鹅孵化出壳。

北极燕鸥

北极燕鸥是鸟类中的长途旅行冠军。这种小小的海鸟每年都会在北极和南极之间迁徙。北极燕鸥每年绕地球飞行的距离大约为 4 万千米。

北极燕鸥捕鱼时飞速冲入海中。

北极燕鸥每年可以过两次夏天。

北极燕鸥与配偶终生相伴。它们在寒冷的北极进行交配并产卵。

北极燕鸥迁徙路线

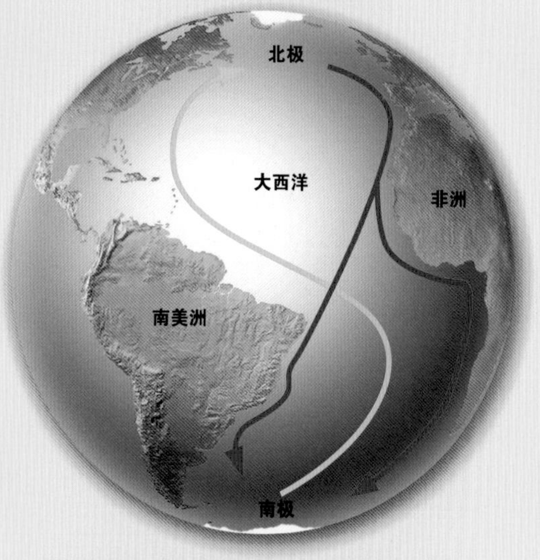

北极
大西洋
非洲
南美洲
南极

这张地图展示了北极燕鸥在南北两极之间迁徙的情况。

当北半球的冬天来临时，南半球正好是夏天。为了逃离北半球寒冷的冬天，北极燕鸥飞向温暖的南方，当南半球的夏天结束时，它们又再次飞回北方。

燕鸥父母要在北半球短暂的夏天结束之前把幼鸟养大。当冬天来临，幼小的燕鸥便在父母的带领下飞往南方。

趣味小知识

雌性北极燕鸥每次产卵2~3枚。幼鸟孵化需要大约24天。

园丁鸟

园丁鸟是一种生活在澳大利亚和新几内亚岛的小鸟。雄性园丁鸟通过建造拱形凉亭吸引雌鸟。雄性园丁鸟在凉亭里摆满五颜六色的石块、骨头、羽毛或贝壳，仿佛是在建造一座美丽的花园！

缎蓝园丁鸟有着蓝黑色的羽毛和明亮蓝色的眼球。

这里有一对园丁鸟。

雌园丁鸟完成交配后，会建造一个碗状的巢用来产卵。雄鸟不会帮助雌鸟筑巢——它只对自己的凉亭有兴趣。

雄鸟在各自的凉亭周围跳舞。雌鸟会选择一个凉亭，并和它的主人进行交配。

有时，雄鸟还会从其他雄鸟的凉亭里偷东西。

趣味小知识

雌性缎蓝园丁鸟每次产2~3 枚卵。幼鸟孵化需要15~30 天。

缎蓝园丁鸟喜欢蓝色。雄鸟会收集蓝色吸管、塑料片甚至圆珠笔。

神奇的鸟类

长尾缝叶莺

长尾缝叶莺生活在南亚地区。它们有一个与众不同的巢。长尾缝叶莺就像鸟类中的裁缝，它们的巢是用树叶等缝制成的。

长尾缝叶莺不害怕人类，它们经常在花园里筑巢。

这种鸟用植物纤维或蜘蛛网作为缝制鸟巢的线。它们一针挨着一针，缝得整齐而紧密。

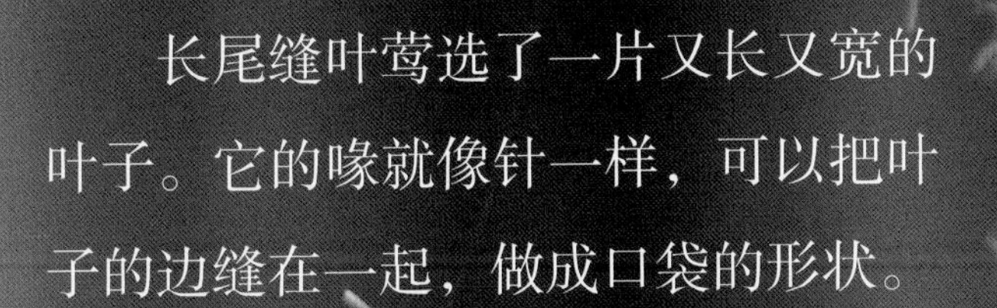

长尾缝叶莺选了一片又长又宽的叶子。它的喙就像针一样，可以把叶子的边缝在一起，做成口袋的形状。

鸟巢的外面包裹着树叶，里面铺满了柔软的蛛网和线头。

树叶

雌鸟卧在卵上进行孵化。雌鸟和雄鸟一起捕捉昆虫和蜘蛛，给幼鸟喂食。

叶子口袋

趣味小知识

雌性长尾缝叶莺每次产卵3~5枚。幼鸟孵化需要12天的时间。

角海鹦

作为海鸟家族的一员，角海鹦喜欢在悬崖上筑巢。它们个个都是游泳高手。雌鸟和雄鸟会晃动脑袋，轻碰鸟喙，跳起求偶的舞蹈，接着双双飞到海上进行交配。

角海鹦以鱼类为食——它的喙一次可以咬住数十条小鱼。

趣味小知识

雌性角海鹦每次产 1 枚卵。幼鸟孵化需要约 40天的时间。

一对角海鹦用喙和脚合力挖出一个洞穴。有些角海鹦会把巢安在空兔子洞里。

雌鸟在洞穴中产下1枚卵。雄鸟和雌鸟一起孵卵，并为出壳的幼鸟捕捉小鱼。

角海鹦幼鸟

幼鸟6周大时，父母就会离它而去。幼鸟独自生活1周以后，也会离开洞穴。

角海鹦幼鸟选择在夜色中冲向大海，因为此刻周围很少有捕食者出没。老鼠和海鸥都是角海鹦幼鸟的天敌。

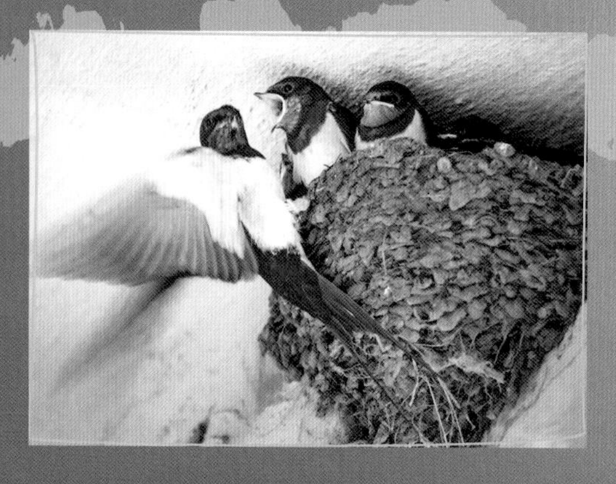

燕子喜欢把巢建在房子里或屋檐下，它们的唾液像胶水一样黏。

奇妙的大自然

大多数鸟类是合格的父母。为了卵和幼鸟的安全，它们不仅会建造安全而舒适的巢，还会为幼鸟带回食物。你知道哪种鸟作为父母懒惰异常吗?

趣味小知识

鸵鸟爸爸必须独自照顾幼鸟——因为鸵鸟妈妈一点儿也不帮忙。

布谷鸟经常偷偷把自己的卵产在别的鸟巢中，然后悄悄离开。别的鸟很难发现自己的巢里出现了陌生的卵。12天后，小布谷鸟孵化出来，它会把别的卵或幼鸟推出鸟巢。

这样，布谷鸟就能独占所有食物，很快它的个头就能超过父母！

非洲织布鸟把巢筑在群落中。每对织布鸟夫妻都会用杂草和树叶织一个巢。

在鸟类王国中，最大的鸟蛋来自鸵鸟。蜂鸟的蛋最小，大小就像一粒豌豆。

图书在版编目（CIP）数据

我的第一套动植物百科全书. 2, 鸟类 / (英) 约翰·艾伦著 ; 高歌, 沉着译. -- 兰州 : 甘肃科学技术出版社, 2020.11
ISBN 978-7-5424-2652-9

Ⅰ. ①我… Ⅱ. ①约… ②高… ③沉… Ⅲ. ①鸟类－儿童读物 Ⅳ. ①Q95-49 ②Q94-49

中国版本图书馆CIP数据核字(2020)第229141号

著作权合同登记号：26-2020-0103

Amazing Life Cycles - Birds

First published 2020 by Hungry Tomato Ltd.

Simplified Chinese edition arranged by Inbooker Cultural Development (Beijing) Co., Ltd.

我的第一套动植物百科全书(全6册)

300多幅高清彩图 40多种物种范例

让我们从这里走进神奇的动植物世界，

认识各种有趣的物种，探索它们的生命奥秘……